ISBN 978-3-7091-3855-7 ISBN 978-3-7091-3854-0 (eBook)
DOI 10.1007/978-3-7091-3854-0

Die in den Sitzungsberichten Abtlg. I und Abtlg. II der math.-nat. Klasse der Österr. Ak. d. Wiss. erscheinenden Abhandlungen werden auch einzeln abgegeben. Sie können durch jede Buchhandlung oder direkt durch die Auslieferungsstelle der Österreichischen Akademie der Wissenschaften (1010 Wien, Mölkerbastei 5) bezogen werden.

Nachfolgende Abhandlungen aus den Fächern **Geologie, Mineralogie** und **Geographie** sind erschienen:

1962 (S I Bd. 171):

Hanselmayer Josef, Beiträge zur Sedimentpetrographie der Grazer Umgebung XVII. Fund eines Lazulith-Quarzfels-Gerölles im Würmglazialschotter von Graz (Don Bosko) (mit 4 Abbildungen auf 1 Tafel). 171–1. S 9.–

Hanselmayer Josef, Beiträge zur Sedimentpetrographie der Grazer Umgebung XVIII. Erster Einblick in die petrographische Zusammensetzung steirischer Würmglazialschotter (speziell Schottergrube Don Bosko, Graz) (mit 4 Abbildungen auf 2 Tafeln). 171–3. S 47.–

Kaumanns M., Zur Stratigraphie und Tektonik der Gosauschichten. II. Die Gosauschichten des Kainachbeckens (mit 8 Abbildungen und 3 Tafeln). 171–17. S 50.–

Kristan-Tollmann Edith und Tollmann Alexander, Die Mürzalpendecke – eine neue hochalpine Großeinheit der östlichen Kalkalpen (mit 1 Abbildung). 171–2. S 37.–

Schoklitsch Karl, Untersuchungen an Schwermineralspektren und Kornverteilungen von quartären und jungtertiären Sedimenten des Oberpullendorfer Beckens (Landseer Bucht) im mittleren Burgenland. 171–4. S 124.–

Tollmann Alexander, Die Frankenfelser Deckschollenklippe der Grestener Klippenzone als Typus tektonischer Deckschollenklippen. 171–6. S 12.–

Winkler-Hermaden Arthur, Die jüngsttertiäre (sarmatisch-pannonisch-höherpliozäne) Auffüllung des Pullendorfer Beckens (= Landseer Bucht E. Sueß') im mittleren Burgenland und der pliozäne Basaltvulkanismus am Pauliberg und bei Oberpullendorf–Stoob (mit 5 Textabbildungen, 5 Tafeln mit je zwei Lichtbildern in Schwarzdruck und 3 Tafeln in Farbdruck). 171–5. S 84.–

1963 (S I Bd. 172):

Hanselmayer Josef, Beiträge zur Sedimentpetrographie der Grazer Umgebung XXI. Erstmalige Funde von Amphiboliten im Pannonschotterbereich der Mittelsteiermark (Hönigthal) (mit 4 Abbildungen und 2 Tafeln). Smn 172–22. S 20.–

Purtscheller F., Gefügekundliche Untersuchungen am Granit des Mont-Blanc und an den angrenzenden Gebieten (mit 11 Textabbildungen, 19 Diagrammen, 1 Karte und 1 Tabelle). Smn 172–29. S 92.–

1964 (S I Bd. 173):

Hanselmayer Josef, Beiträge zur Sedimentpetrographie der Grazer Umgebung XXIII. Petrographie der Schotter aus der Würmterrasse von Stocking (mit 5 Abbildungen auf 2 Tafeln). Smn 173–28. S 39.–

Kirchheimer F. und Wimmenauer W., Über den „Urangneis" in Badgastein (mit 3 Tafeln). Smn 173–6. S 22.–

Trommsdorff Volkmar, Untersuchungen an Interngefügen III. Beispiele aus der unteren Schieferhülle des Tauern-Westendes (mit 49 Diagrammen und 1 Abbildung im Text). Smn 173–5. S 60.–

1965 (S I Bd. 174):

Anger Heinrich, Zur Geologie der Gailtaler Alpen zwischen Gailbergsattel und Jauken (Kärnten), mit einem Beitrag von Wilhelm Klaus, Wien. Smn 174–10. S 20.–

Hanselmayer Josef, Erster Einblick in die Petrographie von Gesteinen aus dem „Quarzphyllit"-Gebiet der Waldheimat (Steiermark) (mit 2 Abbildungen auf Tafel I). Smn 174–13. S 20.–

Häusler Heinrich, Eine geologische Analyse von Feinstrukturen im Ruinenmergel (mit 2 Tabellen, 32 Abbildungen). Smn 174–11. S 100.–

Meixner Heinz, Die Uranminerale um Badgastein, Salzburg, im Rahmen Österreichs (mit 11 Abbildungen). Smn 174–15. S 48.–

Metz K., Das ostalpine Kristallin im Bauplan der östlichen Zentralalpen (mit 3 Textabbildungen). Smn 174–24. S 82.–

Das Problem der ostalpinen Metallogenese, beleuchtet am Beispiel einiger Erzparagenesen vom Alpenostrand

WERNER TUFAR, Aarhus, Dänemark

Mit 5 Tafeln und 1 Falttafel

(Vorgelegt in der Sitzung am 12. 1. 1968)

Zusammenfassung: In den letzten Jahren wurden die Erzvorkommen vom Alpenostrand untersucht, einem Gebiet, das hauptsächlich aus Kristallin („Wechselserie", „Grobgneisserie") und etwas schwach metamorphem Mesozoikum („Semmering-Trias") aufgebaut wird. Bei diesen Untersuchungen wurde eine Reihe von für die Ostalpen seltener oder bisher unbekannter Erze und Verwachsungen gefunden. Der Vergleich der Ergebnisse dieser Untersuchungen mit der bisherigen Ansicht über die Vererzung in den Ostalpen, wie sie in der Literatur gegeben wird und für die gesamten Ostalpen unter anderem eine mehr oder weniger einheitliche alpidische Vererzung mit einem Zonarbau in der Anordnung der Lagerstätten feststellt, zeigt, daß dieses System nicht auf den Alpenostrand angewendet werden kann.

Die Zuordnung der Lagerstätten zu alpidischen magmatischen Gesteinen kann durch das Fehlen dafür notwendiger Komplexe in diesem Gebiet nicht durchgeführt werden. Demgegenüber liegen einige der Lagerstätten im Kristallin in metamorpher Form vor, während andere als metamorphogen entstanden gedeutet werden können und ebenfalls metamorph überprägt wurden. Die Vererzung dürfte bei einigen dieser Vorkommen zumindest teilweise auf eine sedimentäre Anreicherung zurückzuführen sein.

Wenngleich derzeit noch nicht alle Lagerstätten des Alpenostrandes altersmäßig sicher eingestuft werden können, so läßt sich doch für dieses Gebiet eine einheitliche alpidische Vererzung ausschließen und das Vorhandensein sowohl alpidischer als auch präalpidischer Lagerstätten nachweisen.

Summary: During the last few years the ore deposits of the Eastern edge of the Alps have been studied. This area consists mainly of crystalline ("Wechselserie", "Grobgneisserie") and weakly metamorphosed mesozoic rocks ("Semmering-Trias"). During these investigations a series of ore minerals and textures were found, which were previously unknown in the Eastern Alps. The comparison of the results of these studies with earlier opinions of the ore deposition in the Eastern Alps, such as given in the literature, where the deposits were previously thought to derive from a younger, i.e. Alpine, metallogenesis with a zoning, shows, that this system is not valid along the Eastern edge of the Alps.

The correlation of the ore deposits with Alpine magmatic rocks is not possible, because truly Alpine magmatic rocks, which would supply the primary material, are not known in this area. However, some ore deposits in the crystalline complexes are showing metamorphism. Some others are thought to be formed under metamorphism and subsequently became metamorphosed during the Alpine orogenesis. A part of the material for some of these deposits could be of sedimentary origin.

It is not possible at present to determine the exact age of all deposits of the Eastern edge of the Alps, but, according to these investigations, it is possible to show, that ore deposits in this area are of Alpine as well as pre-Alpine age.

Der Alpenostrand enthält verbreitet eine große Anzahl von Erzlagerstätten oder Erzvorkommen. Sie lassen auf relativ kleinem Raum die verschiedensten Paragenesen beobachten.

Der größte Teil des Gebietes wird (vgl. Karte) von Kristallin eingenommen, das mehreren tektonischen Einheiten angehört, deren tiefste die Wechselserie bildet. Ihr kennzeichnendes Gestein ist der „Wechselgneis“, ein Schiefer, der durch seine Albitporphyroblasten, wie sie typisch unter den Bedingungen der Grünschieferfazies sprießen, ausgezeichnet ist. Im Süden macht die Abgrenzung des „Wechselfensters“ noch Schwierigkeiten. Von W. TUFAR (30) wurde sie bereits gegenüber der Karte von H. MOHR (16) nach Norden zurückverlegt. Bei der Untersuchung verschiedener Vorkommen im Altkristallin sowie in der Wechselserie (W. TUFAR, 46) konnte durch Vergleich der darin auftretenden Albite ersehen werden, daß die Südgrenze der Wechselserie noch weiter nach Norden verlegt werden muß, sofern man die „Albitisierung“ im Wechsel und als deren Folge die Albitporphyroblasten als charakteristisch für diese Serie annimmt. Durch persönliche Mitteilung der Kollegen P. FAUPL, G. HUSKA und W. VETTERS, die sich regionalgeolo-

DIE ERZLAGERST
Entworfen von V

Geologische Grunc
ergänzt durch di
P. Faupl, G. Huska
W. Tufar,

- Aus der Literatur bekannte Vorkommen
- Bearbeitete Vorkommen
- Tertiär, Quartär
- Nördl. Kalkalpen } Oberostalpin
- Grauwackenzone } Oberostalpin
- Permoskyth-Quarzit } Mittelostalpin
- Kristallin } Mittelostalpin
- Semmering-Mesozoikum ab Anis } Unterostalpin
- Semmeringquarzit } Unterostalpin
- Altkristallin } Unterostalpin
- Mesozoikum ab Anis } Mesozoische Hülle der Wechselserie
- Permoskyth-Quarzit } Mesozoische Hülle der Wechselserie
- Wechselserie

0 2 4 6 8 10 km

VERZEICHNIS DER LAGERSTÄTTEN:

1: Walpersbach - Schleinz
2: Harathof - Steinberg
3: Pitten
4: Brunner Berg W Pitten
5: Seebenstein - Schiltern
6: Ober - Unterarzberg
7: Gaißriegel (Stupfenreith) Haidenberg W Klingfurth
8: Scheiblingkirchen - Gleißenfeld
9: Kirchau Zottelhof
10: Weingart - Reitersberg, Thernberg NW
11: Krumbach-Let
12: Myrthengraben
13: Hirschenkogel
14: Fröschnitzgra
15: Erzkogel SSW
16: Erzkogel SSW
17: Kleinkogel
18: Wiesenhöhe W
19: Gr. Otter-SW-
20: Gr. Otter-S-F

ALPENOSTRANDES

962, erweitert 1967

arte von H. Mohr,

on H. P. Cornelius,

hwinner, A. Tollmann,

Wieseneder.

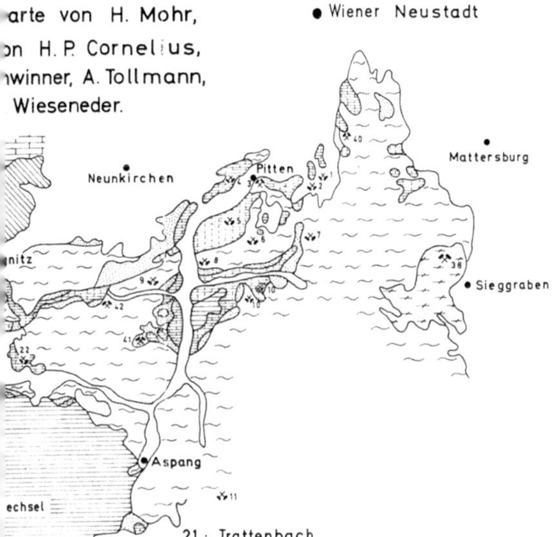

21 : Trattenbach

22: Kirchberg / Wechsel

23: Knappenkeusche S Steinhaus/Semmering

24: Fröschnitz - Arzberg

25: Fröschnitzgraben - Dürrgraben (14)

26: Kleiner Pfaffengraben

27: Rettenegg-Ort

28: Prinzenkogel - Kaltenegg

29: Hallwachsschmiede

30: Arzberg ober Waldbach (Baryt)

31 : Arzberg ober Waldbach (Fe)

32: Waldbach - Ort

33 Buchwald ober Waldbach

34: Silberloch S Ratten

35: Puchegg / Vorau

36: Steingraben (Cr, Mo)

37: Steingraben (Sulfide)

38: Sieggrabener Kogel

39: Birkfeld ("Gabbro")

40: Frohsdorf

41 : Ebnerkogel - Grimmenstein

42 : Haßbach

ryt)

gisch mit der Begrenzung der Wechselserie beschäftigen, konnten auch deren neue Ergebnisse bei der jetzigen Grenzziehung bereits berücksichtigt werden, wofür hier herzlichst gedankt sei. Dadurch konnte außerdem noch vom Semmering-Mesozoikum, das teilweise eine inverse Serie bildet, die mesozoische Hülle der Wechselserie abgetrennt werden.

Innerhalb des überlagernden Unterostalpins bildet die Wechselserie ein Fenster. Das Unterostalpin wird von einer Altkristallinserie („Grobgneisserie") vormesozoischen Alters sowie einer kompletten Triasserie („Semmering-Mesozoikum") aufgebaut. Die Grobgneisserie enthält als charakteristischen Bestandteil Granite (z. B. Mürztaler Grobgneis, Wenigzeller Granit, Birkfelder Granit, Aspanger Granit, Kirchberger- oder Eselsberggranit, Pittener Augengneis), für die H. Wieseneder (47) karbones Alter annimmt und als anatektisch entstanden deutet. Die Umbildung dieser, in die phyllitische Schieferhülle intrudierten anatektischen Granite in die Grobgneise erfolgte während der alpidischen Orogenese.

Die Schichtfolge im Semmering-Mesozoikum beginnt mit dem permoskythischen Semmeringquarzit, petrographisch gesehen Metaquarzite, -arkosen und -konglomerate, mit dem vereinzelt auch kleine Porphyroide beobachtet werden können. Darüber folgen dann Rauhwacken, Dolomite und Kalke, wobei die Obertrias als Besonderheit karpathisch („Bunter Keuper") entwickelt ist. Im Karn kann Gips gefunden werden.

Auf dem unterostalpinen Altkristallin finden sich als Auflagerungen Gesteinsserien mit stärkerer Metamorphose (z. B. Disthengneise, eklogitische Gesteine), wie bei Sieggraben, Schäffern und Vorau. Diese „Deckschollen", für die ebenfalls allgemein eine präalpidische Gesteinsmetamorphose angenommen wird, werden dem Mittelostalpin (vgl. A. Tollmann, 29) zugezählt. Inwieweit es sich bei Sieggraben und Vorau tatsächlich um Deckschollen oder nur um tektonische Aufbruchszonen im unterostalpinen Altkristallin handelt, müßte untersucht werden.

Bei der ersten zusammenfassenden Untersuchung der Erzlagerstätten des Semmering- und Wechselgebietes durch den Verfasser (30), konnte eine Reihe von Beobachtungen gemacht werden, die nicht mit der bisherigen, fast allgemein angenommenen Auffassung einer einheitlichen und jungen ostalpinen Vererzung übereinstimmten. Es ergab sich daraus die Notwendigkeit, die Untersuchung erfolgversprechender Lagerstätten zur Klärung des Fragenkomplexes fortzusetzen und Vorkommen aus den angrenzenden Gebieten einzubeziehen. Die Ergebnisse dieser Untersuchungen (W. Tufar, 32 bis 46) gestatten einen ersten Überblick zu geben, stehen aber, wie im folgenden erläutert werden soll, teilweise sehr im Widerspruch mit der bisherigen Ansicht über die Vererzung in den Ostalpen. Es sei daher kurz auf einige der wichtigsten Arbeiten hingewiesen, die sich mit der ostalpinen Metallogenese auseinandersetzen.

Die Vorstellung einer mehr oder weniger zusammengehörigen Vererzung in den Ostalpen, wonach, von wenigen Ausnahmen abgesehen, die vielen Lagerstätten in den Ostalpen durch einen einheitlichen Vererzungsvorgang zu erklären sind, ist bereits alt.

Schon von B. GRANIGG (12) wurden die Lagerstätten der Ostalpen mit der Deckentektonik in Beziehung gesetzt.

W. PETRASCHECK (18—20) stellte eine einheitliche alpine (= alpidische) Metallogenese mit zonarer Anordnung der Lagerstätten in den Ostalpen fest. Er nahm anfangs für seine „Alpine Metallogenese" ein sehr junges Alter an, nämlich „jünger als die Hauptphasen der Gebirgsbildung" — „Nur die letzten Phasen, welche in die jüngere Tertiärzeit fallen und in den Ostalpen wiederholt germanotypen Charakter haben, haben die Erzbildung überdauert." Später unterteilte er aber in eine alpine Metallogenese, die savisch bis steirisch wäre und eine altalpine Metallogenese, für die pyrenäisch in Betracht käme. Der zonaren Anordnung der Lagerstätten nach unterscheidet er drei große Gruppen, die von einem magmatischen Herd unter den Zentralalpen ausgehen, nämlich Goldquarzgänge in der innersten Zone (Zentralzone), Siderit- und Kupferlagerstätten mit Magnesiten am Innenrand (Schieferzone) und Blei-Zink-Lagerstätten in der Außenzone (Kalkalpen im Norden und Süden). Dieser Zonarbau in der Anordnung der Lagerstätten spielt seither eine große Rolle für die „unitarische" Auffassung der einheitlichen und jungen Metallogenese in den Ostalpen.

Einen neuen wichtigen Gedankengang zur Frage der ostalpinen Vererzung brachten E. CLAR und O. FRIEDRICH (5), nämlich daß Kristallisationshöfe als Zentren der Vererzung angesehen werden können und somit die Metamorphose lagerstättenbildend wirken kann.

E. CLAR (6) wies später nochmals eingehend auf die einheitliche alpidische Vererzung hin und begründete dies mit der räumlichen Zonengliederung und dem alpidischen Alter, d. h. daß die Lagerstätten jünger als die Haupttektonik seien. Wenngleich E. CLAR (6) die Verknüpfung von alpidischer Orogenese, Magmatismus und Metamorphose als Lagerstättenbildner heranzog, entspricht seine Anschauung doch im wesentlichen der bereits von W. PETRASCHECK (18—20) gegebenen „alpinen Metallogenese".

Zu ähnlichen Schlußfolgerungen kam auch W. E. PETRASCHECK (21—22). Er betont ebenfalls für die zu seiner westkarpatisch-alpinen Erzprovinz gehörenden Lagerstätten der Ostalpen in der Anordnung den großzügigen Zonarbau mit symmetrisch abnehmender Bildungstemperatur von einem Tiefenherdbereich unter den Zentralalpen sowie das junge Bildungsalter der Lagerstätten. Dies sei vorwiegend tertiär, zum Teil auch noch oberkretazisch.

Weitere zusammenfassende Arbeiten über die Metallogenese in den Ostalpen stammen von O. M. FRIEDRICH (9, 10), der ebenfalls den Großteil der Lagerstätten in den Ostalpen in den alpidischen Zyklus einordnet (vgl. O. M. FRIEDRICH, 10), und zwar sowohl in den syn- bis spätorogenen wie in den subsequenten Bereich. Abgesehen von der Beteiligung von Kristallisationshöfen an der Lagerstättenbildung betont er den Magmatismus als Lieferant für die Vorkommen.

Gibt man eine erste Zusammenfassung, so kann gesagt werden, sowohl E. CLAR (6), O. M. FRIEDRICH (9, 10), W. PETRASCHECK (18 bis 20) und W. E. PETRASCHECK (21, 22) stimmen darin überein, daß die Lagerstätten der Ostalpen, von wenigen Ausnahmen abgesehen, mehr oder weniger einem einheitlichen Vererzungsvorgang angehören, der jung, d. h. alpidisch ist und in der Anordnung der Lagerstätten einen Zonarbau aufweist.

Gegen eine einheitliche Vererzung, gegen diese „unitarische Auffassung", sprach sich R. SCHWINNER (26—28) aus. H. SCHNEIDERHÖHN (23, 24) versuchte die Vererzung in den Ostalpen durch Wiederbelebung einer älteren variszischen Primärvererzung zu erklären. F. ANGEL und F. TROJER (1, 2) bezogen die Spatmagnesite in den Ostalpen auf eine variszische Metasomatose von paläozoischen Kalksteinen des Silurs bis Karbon. Auf die neuerdings auseinandergehenden Ansichten bei der Beantwortung der Frage, ob die kalkalpinen Blei-Zink-Lagerstätten hydrothermalen oder sedimentären Ursprungs seien, sei hier nur am Rande hingewiesen.

Die neuen Untersuchungen verschiedener Erzlagerstätten des Alpenostrandes durch den Verfasser (31—46) bestätigten dessen früher (30) gemachte Beobachtungen. Darüber hinaus konnte eine Reihe von Mineralien und Verwachsungen beobachtet werden, die nicht nur für dieses Gebiet, sondern überhaupt für die Ostalpen eine Seltenheit darstellen oder aber bisher unbekannt waren.

Der bereits früher vom Verfasser (45) geäußerte Zweifel an einem einheitlichen Vererzungsvorgang konnte zumindest für die Vorkommen des Alpenostrandes als zutreffend bestätigt werden. Da die bisherige Ansicht einer einheitlichen und jungen, d. h. alpidischen

Metallogenese der Lagerstätten für die gesamten Ostalpen aufgestellt wurde, müßte diese Anschauung auch für die Vorkommen am Alpenostrand Gültigkeit haben, der einen Teil der Ostalpen darstellt. Dies umso mehr, als in den eingangs aufgezählten Arbeiten über die „unitarische" Auffassung Lagerstätten vom Alpenostrand als Beispiele aufgezählt werden.

Im folgenden sollen daher einige der Beobachtungen erläutert werden, die zumindest für den Ostrand der Alpen eine einheitliche und obendrein nur junge Metallogenese ausschließen. Daß zwischen einigen Vorkommen Zusammenhänge bestehen, beispielsweise den Barytlagerstätten im Semmering-Mesozoikum, ist nicht von der Hand zu weisen.

Theoretisch kann versucht werden, auch bei den Vorkommen des Alpenostrandes eine Zusammengehörigkeit zu konstruieren, indem man z. B. akzessorisch in Siderit auftretenden Bleiglanz oder Kupferkies als Brückenschlag zu Blei-Zink- oder Kupferlagerstätten verwendet. Spuren von Arsenkies in einigen dieser Vorkommen würden die Möglichkeit ergeben, ein goldhältiges Arsenkiesvorkommen in dieses System einzubauen. Außerdem können Karbonate, abgesehen von anderen Gangarten, als Bindeglieder zu Siderit- und anderen Lagerstätten herangezogen werden usw. Man setzt sich dadurch, wie unten gezeigt wird, über sicher vorhandene Unterschiede in den Paragenesen hinweg und beachtet nicht, daß, wie schon statistisch gezeigt werden kann, Kupfer in den meisten Fällen in Form von Kupferkies, Blei als Bleiglanz und Zink als Zinkblende vorliegt. Spuren solcher Mineralien können auch aus dem Nebengestein hergeleitet werden und stellen nicht zwangsläufig eine Verbindung zu anderen Lagerstättengruppen her, in denen diese Mineralien dann die Hauptmasse bilden. Erze lassen sich nur unter eingeschränkten Bedingungen für solche Parallelisierungen verwenden.

Als sicher „jung" sind die Lagerstätten im Semmering-Mesozoikum anzusehen, deren Alter durch ihr Auftreten in triadischen Gesteinen als alpidisch gegeben ist. Es finden sich hier gangförmige Barytvorkommen mit stellenweise beibrechendem Eisenglanz sowie Bleiglanz und Zinkblende, die sowohl den Permoskyth-Quarzit als auch den Anis-Ladin-Dolomit vererzen.

An die Grenze von Permoskyth-Quarzit zu Anis-Ladin-Dolomit sind auch Eisenerzvorkommen gebunden. Bei einigen davon soll es sich nach alten Beschreibungen um metasomatische Verdrängungen von Dolomit durch Siderit handeln, wobei am Erzkogel sogar etwas Bleiglanz beigebrochen sein soll.

Eine besondere Stellung nimmt im Semmering-Mesozoikum die Vererzung vom Myrthengraben ein. Diese geht nämlich über das Niveau der anderen Vorkommen hinaus und tritt im karnischen Gips auf. Sie besteht aus einer besonders interessanten Kupfer-Arsen-Blei-Zink-Paragenese mit einigen für die Ostalpen seltenen Mineralien und Verwachsungen. W. TUFAR (38) fand hier erstmals myrmekitische Verwachsungen von Enargit. Aus diesem Vorkommen konnte der Verfasser (41) auch das bis dahin in den Ostalpen unbekannte Uranmineral Andersonit beschreiben.

Die zeitliche Einordnung der Vererzung der Lagerstätten in den Kristallingebieten des Alpenostrandes stößt dagegen auf Schwierigkeiten. Die Beobachtung, daß sich in den Lagerstätten im Kristallin oft dieselben Erze finden wie in den Vorkommen im Semmering-Mesozoikum, scheinbar also dieselben Paragenesen vorliegen, kann dazu verleiten, eine Zusammengehörigkeit zu sehen. Nicht weiter soll in diesem Zusammenhang auf die Neubildung von Eisenglanz auf jungen Klüften eingegangen werden. Auf die Beobachtung, daß die Lagerstätten im Kristallin gegenüber denen im Semmering-Mesozoikum meist eine höher temperierte Anlage und eine stärkere tektonische Beanspruchung erkennen lassen, wurde von W. TUFAR (30) bereits hingewiesen. Es wird später erläutert werden, daß die Auswirkung einer tektonischen Beanspruchung auf die Vererzung nur mit großer Vorsicht für eine Alterseinstufung herangezogen werden darf.

Für die altersmäßige Einstufung der Lagerstätten im Altkristallin, das allgemein als präalpidisch angenommen wird, ist von Wichtigkeit, welche Aussagen über die Bildungsbedingungen der betreffenden Vorkommen gemacht werden können und in welcher Beziehung diese Lagerstätten zu der alpidischen Orogenese bzw. Metamorphose stehen.

Unbedingt notwendig ist daher die Kenntnis, welche Rolle der alpidischen Orogenese, die das Semmering-Mesozoikum schwach metamorph werden ließ und im Altkristallin stellenweise zur Diaphthorese (Chloritisierung) führte, zukommt und inwieweit sie in diesem Gebiet abgegrenzt werden kann. In diesem Zusammenhang sind die Beobachtungen von H. WIESENEDER (47) wichtig, der auf den Hiatus im Metamorphosegrad zwischen Semmering-Mesozoikum und Grobgneisserie hinwies: Während in der Grobgneisserie im wesentlichen die Albit-Epidot-Amphibolitfazies vorliegt, soweit die Gesteine nicht durch Diaphthorese überprägt sind, erreicht die Gesteinsmetamorphose, durch den Fund von Muskowit und Tremolit auf Schieferungsflächen eines Bändermarmores im Semmering-Mesozoikum bei Fischbach belegt, in dieser Serie den Grad der Grünschieferfazies.

Eine Schlüsselstellung nimmt im Altkristallin die Lagerstätte vom Buchwald ober Waldbach ein. Es handelt sich hier nach W. TUFAR (30, 46) um eine skarnähnliche Mineralisation, deren charakteristischer Gemengteil ein Granat darstellt, der auch einen Hauptanteil der Lagerstätte ausmacht. Aus den belteroporen Korngefügen ist zu erkennen, daß dieser während einer Regionalmetamorphose entstand. Er verdrängt Quarz und Siderit (vgl. Abb. 1 bis 4) und läßt ersehen, daß diese beiden Mineralien einer älteren Bildung angehören. Wichtig ist ferner die Beobachtung, daß der Eisenspat infolge der tektonischen Beanspruchung zerbrach und rekristallisierte und daß selbst im Siderit-Rekristallisat noch Granatholoblasten und Granatbelteroblasten gebildet wurden.

Es sei hier nochmals auf die Arbeit von O. M. FRIEDRICH (10) hingewiesen, der für die Lagerstätten, zu denen auch die Vererzung vom Buchwald zu stellen wäre, alpidisches Alter folgert: „Da kein Siderit bekannt ist, der durchbewegt und nachher rekristallisierte, ist diese Vererzung als subsequent anzusprechen, bei einem plutonisch liegenden Herd." Diese Argumentation ist an sich schwer verständlich, da Karbonate relativ leicht auf Druck und Beanspruchung reagieren und dann Brucherscheinungen mit anschließender Rekristallisation erkennen lassen. Außerdem ist diese nach O. M. FRIEDRICH (10) fehlende Erscheinung am Alpenostrand nicht nur auf die Lagerstätte vom Buchwald beschränkt, sondern kann z. B. auch in Pitten beobachtet werden.

Die Metamorphose, die im Buchwald die Bildung von Granat verursachte, führte wohl im Siderit zur Sprossung der Magnetitporphyroblasten. Sehr aufschlußreich ist, wie noch erläutert werden wird, die kleine Sulfidparagenese im Vorkommen, da Kupferkies die Umwandlungslamellen der Hochtemperaturform erkennen läßt.

Für die altersmäßige Einstufung der Lagerstätte vom Buch wald ist wichtig, daß die alpidische Metamorphose in diesem Gebiet nicht die zur Bildung von Granat notwendigen Bedingungen erreichte, die Vererzung folglich präalpidisch sein muß. Aus dem Auftreten von Granat läßt sich ferner ablesen, daß die Lagerstätte unter den Bedingungen einer Regionalmetamorphose entstand. Diese war also voralpidisch und führte am Siderit selbst zu Metamorphoseerscheinungen (z. B. Sprossung von Granat im Eisenspat). Außerdem kann besonders durch die belteroporen Korngefüge von Granat mit dem älteren, oft rundlichen Quarz auf eine gewisse sedimentäre Anreicherung vor der Metamorphose geschlossen werden. Dies wird durch die Kornform des Quarzes noch unterstrichen. Die alpidische Metamorphose dagegen fand das Vorkommen fertig gebildet vor und bewirkte in ihm eine Diaphthorese, die sich hauptsächlich in der Verdrängung von Granat durch Biotit und beider durch Chlorit äußert.

In einem weiteren Vorkommen dieses Gebietes, am Sieggrabener Kogel im Kristallin der Sieggrabener Deckscholle, knapp vor dem Abbruch ins Tertiär gelegen, bildet Granat ebenfalls einen charakteristischen Gemengteil der Vererzung. Auch bei diesem Vorkommen konnte von W. Tufar (39) gezeigt werden, daß es sich um eine unter den Bedingungen einer Regionalmetamorphose entstandene Lagerstätte handelt. Sie stimmt im Metamorphosegrad mit den übrigen Gesteinen dieser stärker metamorphen voralpidischen Kristallinserie überein und ist daher ebenfalls präalpidisch. Die Vererzung vom Sieggrabener Kogel, die praktisch nur aus Magnetit besteht, der als Folge der alpidischen Diaphthorese martitisiert wurde, läßt zumindest teilweise ebenfalls auf eine vormetamorphe sedimentäre Anreicherung schließen.

Somit konnten bereits zwei Lagerstätten dieses Gebietes als präalpidisch ausgegliedert werden. Beide weisen außerdem auf Grund ihrer Paragenesen hochtemperierte Bildungsbedingungen auf.

Nach diesen Darlegungen können auch kleine Vererzungen im Kristallin, wie in Waldbach und im Steingraben bei Vorau, ausgeklammert werden. Bei diesen handelt es sich nämlich um syngenetische Sulfidparagenesen, die auf sedimentäre Anreicherungen vor der präalpidischen Gesteinsmetamorphose zurückgehen. Mit ihnen kann Graphit beobachtet werden. Im Steingraben läßt sich Molybdänglanz nachweisen (W. Tufar, 44) und gibt somit ebenfalls einen Hinweis auf die euxinischen Verhältnisse im ursprünglichen Sediment.

Da im Vorkommen vom Buchwald ober Waldbach etwas Kupferkies auftritt, soll nachstehend am Beispiel einiger kupferführender Paragenesen der eingangs aus der Literatur zitierte, „für die einheitliche junge Vererzung sprechende Zonarbau in der Anordnung der ostalpinen Lagerstätten" am Alpenostrand untersucht werden.

Wie erwähnt, läßt der Kupferkies im Buchwald ober Waldbach die oleanderblatt- bis lanzettförmigen Umwandlungslamellen der Hochtemperaturform erkennen (vgl. Abb. 5). Diese erscheinen sogar stellenweise in Verwachsungen, in denen Kupferkies kataklastischen Magnetit verheilt. Außerdem weist Chalkopyrrhotin in diesen

Körnern Entmischung von Zinkblendesternchen auf. Es lagen somit für diesen Kupferkies hochtemperierte Bildungsbedingungen vor.

Umwandlungslamellen der Hochtemperaturform zeigt weiters nach W. TUFAR (37) der Kupferkies im Kupfervorkommen von Eichbüchl im Altkristallin, der ebenfalls Zinkblendesternchen als Entmischung aufweist. Untergeordnet konnte in diesem Vorkommen Magnetit beobachtet werden. Aus den stark verwitterten Proben läßt sich außerdem auf ein Karbonat, vermutlich Siderit, in der primären Paragenese schließen.

In Pitten, einem gangförmigen und ebenfalls im Altkristallin gelegenen Sideritvorkommen, das schon durch seine im Siderit eingesprengten Magnetitporphyroblasten auf eine höher temperierte Entstehung schließen läßt, zeigt Kupferkies ebenfalls diese Umwandlungslamellen.

Die Beobachtung, daß der Kupferkies die oleanderblatt- bis lanzettförmigen Umwandlungslamellen der Hochtemperaturform aufweist, also ursprünglich in der kubischen Hochtemperaturform gebildet wurde, kann als geologisches Thermometer verwendet werden und vermittelt einen wichtigen Anhaltspunkt über seine Bildungsbedingungen. Als Umwandlungstemperatur tetragonaler Kupferkies—kubischer Kupferkies nennen J. E. HILLER und K. PROBSTHAIN (13) 550°C. R. A. YUND und G. KULLERUD (49) geben diesen Umwandlungspunkt für synthetischen Kupferkies mit 547°C±5°C an, während sich synthetischer tetragonaler Kupferkies im Gleichgewicht mit Cubanit bei annähernd 480°C in die polymorphe kubische Form umwandelt.

Die Kupferlagerstätte von Trattenbach in der Wechselserie liegt nach W. TUFAR (45) in umgeprägter Form vor, doch sind noch Relikte der ursprünglichen Bildungen vorhanden. Die Vererzung wird fast monoerzmineralisch von Kupferkies gebildet, doch kann als charakteristischer Gemengteil in diesem Vorkommen Bornit beobachtet werden. Als bezeichnendes Gangartmineral tritt Albit in den Porphyroblasten auf, wie sie kennzeichnend für die Wechselserie sind.

Für die Einstufung der Vererzung ist wichtig, daß sich in der Lagerstätte in Relikten noch eine ältere Albitgeneration findet, die durchbewegt wurde und anschließend in Form der „jungen" Albitporphyroblasten rekristallisierte, also für diese Material lieferte. Von Bedeutung ist ferner, daß die alte Albitgeneration primäre Verwachsung mit den Erzen erkennen läßt, womit sich ergibt, daß zumindest ein Teil der Vererzung älter als die Metamorphose in der Lagerstätte und damit älter als die Bildung der „jungen" Albitporphyroblasten ist.

Da Trattenbach heute in umgeprägter Form vorliegt, könnte man eigentlich in dieser Paragenese das Auftreten von Magnetkies erwarten. Pyrrhotin konnte aber bis jetzt nicht nachgewiesen werden. Dies ist nicht verwunderlich, da Bornit einen charakteristischen Gemengteil der Vererzung darstellt. Das Auftreten dieses Erzes läßt auf einen Unterschuß an Eisen schließen und ersehen, daß die zur Bildung von Magnetkies nötige Konzentration nicht vorhanden war. Dies ist von Interesse, da die bisherige Auffassung der einheitlichen Vererzung in den Ostalpen eine Verbindung von Kupfer- und sideritischen Eisenlagerstätten postuliert.

Der Nachweis, daß Kupferkies ursprünglich in der kubischen Modifikation gebildet wurde, ließ sich noch nicht erbringen. Der Bornit zeigt aber die Umwandlungslamellen der Hochtemperaturform. Nach den Untersuchungen von N. Morimoto und G. Kullerud (1961) an synthetischem Material ist die kubische Hochtemperaturform von Buntkupferkies nur oberhalb 228^{0}C$\pm$5^{0}C stabil. Daraus läßt sich für Trattenbach ableiten, daß bei dieser Phase der Lagerstättenbildung eine Temperatur dieser Größenordnung nicht unterschritten wurde.

Eine endgültige Festlegung des Alters der Lagerstätte von Trattenbach kann erst gegeben werden, wenn das Alter der Albitporphyroblasten der Wechselserie und das ihrer Gesteinsmetamorphose festliegt. H. Wieseneder (48) führt dazu aus: „Das Fehlen postkristalliner Deformation in den Albitgneisen und Grünschiefern läßt zwei Deutungen zu, entweder wurde das Gebiet von den alpinen Durchbewegungen verschont, oder die parakristalline Durchbewegung ist alpin.“ Diesen Ausführungen sind aber die neuen Untersuchungen der Lagerstätte von Trattenbach in der Wechselserie entgegenzuhalten, in der, wie W. Tufar (45) zeigen konnte, auch die „jungen“ Albitporphyroblasten teilweise noch starke postkristalline Deformation erkennen lassen.

Die benachbarte, im karnischen Gips des Semmering-Mesozoikums gelegene Lagerstätte vom Myrthengraben zeigt eine ältere Blei-Zink-Vererzung und eine jüngere Kupfer-Arsen-Mineralisation mit einer Reihe seltener Mineralien und Verwachsungen, wobei hier nach W. Tufar (38, 43) teilweise tafelig nach {0001} ausgebildeter Wurtzit mit Bleiglanz gefunden wird. Kupfer- und arsenhältige Lösungen bildeten den Bleiglanz randlich um, wodurch ein dem Jordanit näher als Geokronit stehendes Glied entstand, hauptsächlich aber Enargit und Tennantit im Vorkommen kristallisierten.

Es handelt sich hier, wie aus der Paragenese ersichtlich ist, um eine niedrigtemperiert gebildete eisenarme Kupfer-Arsen-Blei-Zink-Lagerstätte, bei der die Eisenkonzentration so gering war, daß dieses bei der Bildung von Pyrit verbraucht wurde und sich Kupferkies nicht mehr bilden konnte. Weitere Hinweise auf die niedrigtemperierten Bildungsbedingungen geben Gipseinschlüsse in jüngeren Pyritidioblastensieben und Tennantitxenoblastensieben, ebenso die von E. Schroll (25) gemachte Spurenanalyse des Zinksulfides.

Gegen den Zonarbau in der Anordnung der Lagerstätten spricht auch das Auftreten der Blei- und Zinkerze, die sich in Vorkommen dieses Gebietes finden, da deren Bildungsbedingungen ebenfalls von niedrig- bis hochtemperiert reichen.

So lassen sich, um nur einige Beispiele zu geben, Bleiglanz und Zinkblende mit den Baryten im Semmering-Mesozoikum beobachten, weiters tritt Bleiglanz und Wurtzit, wie o. a., im Myrthengraben auf. Bleiglanz findet sich in der Kupferlagerstätte Trattenbach sowohl im Kupferkies als auch nach W. Tufar (45) orientiert eingelagert im Bornit, der die Umwandlungslamellen der Hochtemperaturform erkennen läßt. Zusammen mit Zinkblende tritt Bleiglanz im Silberloch bei Ratten auf, einer polymetallischen Kieslagerstätte, die auf Grund ihrer Paragenese eine höhertemperierte Anlage zeigt, weiters im goldführenden Arsenkiesvorkommen vom Puchegg, das an Albitpegmatite gebunden ist. Ferner kann in den hochtemperierten Bildungen Zinkblende im Kupferkies von Eichbüchl beobachtet werden, ebenso im Buchwald ober Waldbach, wo auch Spuren von Bleiglanz gefunden wurden.

Es läßt sich somit belegen, daß die von der bisherigen („unitarischen") Auffassung vertretene zonare Anordnung der Lagerstätten für den Alpenostrand nicht zutrifft. Vielmehr können hier auf engstem Raum Lagerstätten mit verschiedenen Paragenesen und unterschiedlichen Bildungsbedingungen beobachtet werden, die, selbst bei durchaus vergleichbaren Mineralvergesellschaftungen, den gesamten Bereich von tief- bis hochtemperiert überdecken. Daraus läßt sich ersehen, daß am Alpenostrand auch der von der bisherigen Auffassung postulierte einheitliche „junge" Vererzungsvorgang nicht vorhanden ist. Dies kann außerdem am Auftreten von Karbonaten in Vorkommen dieses Gebietes veranschaulicht werden.

In den Lagerstätten des Semmering-Mesozoikums treten Dolomit und Ankerit als Gangarten auf, weiters gibt es darin Siderit. Das Alter dieser Karbonate steht somit als alpidisch fest.

In der Vererzung von Trattenbach ist in Relikten erkennbar, daß Karbonat (Braunspat—Ankerit) von den bei der „Albitisierung" entstehenden Albitporphyroblasten verdrängt wird und daher älter ist. Im Buchwald ober Waldbach wieder verdrängt der präalpidische Granat den älteren Eisenspat. Es könnten hier noch einige karbonatführende Vorkommen angeführt werden, beispielsweise Pitten oder Eichbüchl, die sich durch das Auftreten von ursprünglich kubisch gebildetem Hochtemperatur-Kupferkies auszeichnen.

Es läßt sich somit auch an den Karbonaten zeigen, daß deren Bildung während mehrerer Perioden erfolgte, sowohl in alpidischer als auch in präalpidischer Zeit und daher kein einheitlicher Vererzungsvorgang gegeben ist.

Aus den hier angeführten Beispielen läßt sich ersehen, daß entgegen der bisherigen („unitarischen") Auffassung für den Alpenostrand weder die postulierte zonare Anordnung der Lagerstätten vorliegt noch deren Anlage durch einen einheitlichen jungen, d. h. alpidischen, Vererzungsvorgang erfolgte.

Die Betrachtungen zur „zonaren Anordnung" der Lagerstätten ließen erkennen, daß in Vorkommen, die nicht bereits auf Grund anderer Beobachtungen eine präalpidische Anlage nahelegten, Bildungsbedingungen geherrscht haben, die im deutlichen Gegensatz zu denen der bekannten und benachbarten alpidischen Lagerstätten stehen. Das Auftreten von ursprünglich kubisch gebildetem Hochtemperatur-Kupferkies in Pitten und Eichbüchl macht, wie bereits berichtet, Bildungstemperaturen einer Größenordnung notwendig, wie sie für alpidische Lagerstätten in diesem Gebiet kaum geherrscht haben dürften. Dies kann auch durch direkten Vergleich mit den benachbarten Vorkommen im Semmering-Mesozoikum ersehen werden. Außerdem dürfte, nach den bisherigen Untersuchungen zu schließen, die alpidische Regionalmetamorphose in diesem Gebiet wohl kaum die zur Bildung von Hochtemperatur-Kupferkies notwendige Temperatur erreicht haben. Es darf daher für diese beiden Lagerstätten ebenfalls eine voralpidische Anlage vermutet werden.

Selbst die Vorkommen im Semmering-Mesozoikum zeigen auf kleinstem Raum verschiedene Paragenesen und machen daher einen mehrphasigen Vererzungsvorgang wahrscheinlich.

Die sich in diesem Zusammenhang ergebende Frage nach der Herkunft der Vererzung stellt ein neues Problem dar. Die Zuordnung der Lagerstätten des Alpenostrandes zu alpidischen magmatischen Gesteinen kann durch das Fehlen der dafür notwendigen Komplexe nicht durchgeführt werden. Gegen einen weiten Stofftransport, wie er sich aus der bisherigen Auffassung für unsere Lagerstätten ergeben würde, wären schon aus physikalisch-chemischen Gründen Einwände zu machen. Hier sei nur darauf verwiesen, daß selbst für die bisherige Ansicht (vgl. E. Clar, 6) die Beziehung der Lagerstätten zu geeigneten magmatischen Komplexen auf Schwierigkeiten stößt.

Betrachtet man die Lagerstätten im Kristallin, so liegen mehrere davon in metamorpher Form vor. Einige dieser Vorkommen lassen, obwohl sie nachträglich metamorph überprägt wurden, noch erkennen, daß ihre Anlage unter den Bedingungen einer Regionalmetamorphose erfolgte und daß die Vererzung teilweise auf eine sedimentäre Anreicherung vor der Metamorphose zurückgeführt werden kann.

Somit ergibt sich, daß hier eine Regionalmetamorphose lagerstättenbildend wirkte. Gerade die Vielzahl der Lagerstätten in diesem Gebiet, die unterschiedliche Paragenesen und meist nur minimale Ausdehnung aufweisen, lassen daran denken, daß die Metamorphosen im Gebiet des Alpenostrandes durch ihre Stoffwechselvorgänge auch als Lagerstättenbildner wirkten. Dies wird durch das Fehlen jener magmatischen Komplexe noch unterstrichen, auf welche diese Lagerstätten bezogen werden könnten.

Es kann in diesem Zusammenhang, wie W. TUFAR (43) ausführte, an eine modifizierte Auslegung des Begriffes der „Lateralsekretion" gedacht werden, indem man diesen im erweiterten Sinne anwendet und vom Meterbereich in andere Größenordnungen geht. Abgesehen von vormetamorphen sedimentären Anreicherungen lassen sich viele der Kleinstlagerstätten am Alpenostrand durch Mobilisierung der Spurengehalte der Nachbargesteine und durch die Lösungsumsätze während einer Metamorphose erklären, ohne daß mit Hilfe komplizierter Theorien ein weit entfernter oder meist gar nicht aufgeschlossener, also nur vermuteter Magmapluton herangezogen werden müßte. Selbst im Semmering-Mesozoikum könnten, wie W. TUFAR (34) erläuterte, die Schwerspatvorkommen aus den Bariumkonzentrationen der Feldspäte des Semmeringquarzites erklärt werden.

Ein wichtiger Beitrag zu diesem Thema stammt von F. ANGEL (3). Er berechnete nämlich quantitativ die Lösungsumsätze der Diaphthorese für Eisen und Magnesium und wies auf die bedeutenden Mengen dieser beiden Elemente hin, die bei dieser Metamorphose frei werden und daher wichtig bei der Lagerstättenbildung sein können. Von besonderem Interesse zu diesem Problem ist auch die Beobachtung von J. LIETZ (14), der im Deckgebirge des Salzstokkes (!) von Reitbrook bei Hamburg eine sulfidische Vererzung von Bleiglanz, Zinkblende, Pyrit und Markasit fand, die vollkommen vergleichbar ist mit ähnlichen hydrothermal-telemagmatischen Vererzungen im klassischen Sinne. Die Vererzung von Reitbrook liegt aber weitab vom nächsten Magmenherd, und das geologische Milieu schließt die Herkunft solcher Lösungen von dort aus. Die Vererzung von Reitbrook stellt eine metamorphe Bildung durch

Mobilisierung des Schwermetallgehaltes mariner Salzlagerstätten dar, bei der die Ausfällung durch Schwefelwasserstoff aus dem Erdöl erfolgte.

Da magmatische Gesteine fehlen, die als Lieferant für die Vorkommen in Betracht kämen, wird man für die Kleinstlagerstätten am Alpenostrand die dieses Gebiet formenden Orogenesen bzw. die damit verbundenen Regionalmetamorphosen und deren Stoffwechselvorgänge heranziehen dürfen. Es ist denkbar, daß bei diesen Prozessen ältere Lagerstätten mobilisiert wurden und kleinere magmatische Fetzen, aus dem Untergrund abgepreßt und so in höhere Lagen gebracht, ebenfalls Material für die Lagerstätten geliefert haben. Inwieweit die Grobgneise der Grobgneisserie zur Zeit ihrer Entstehung lagerstättenbildend wirken konnten, wäre in diesem Zusammenhang ebenfalls zu untersuchen.

Es konnte gezeigt werden, daß die bisherige („unitarische") Auffassung einer einheitlichen, jungen, d. h. alpidischen Vererzung mit großzügigem Zonarbau in bezug auf die Anordnung der Lagerstätten, wie sie in den Arbeiten von E. Clar (6), O. M. Friedrich (10), W. Petrascheck (18—20) und W. E. Petrascheck (21, 22) für die gesamten Ostalpen gegeben wird, zumindest für den Alpenostrand nicht zutrifft. Selbst Lagerstätten dieses Gebietes, die in den genannten Arbeiten als Beispiele für diese Auffassung angeführt werden, führten nach den Neuuntersuchungen durch den Verfasser zu andersartigen Schlüssen.

Der einheitliche Vererzungsvorgang scheint nicht einmal für die sicher alpidischen Lagerstätten dieses Gebietes gegeben zu sein. Versucht man nach W. Tufar (43) eine erste vorsichtige Gliederung der Lagerstätten im Semmering-Mesozoikum zu geben, so dürften die ältesten Bildungen hauptsächlich tiefer temperiert gebildete sideritische Eisenvorkommen sein, die einen Teil ihres Stoffes eventuell durch Mobilisation von älteren Lagerstätten im Kristallin bezogen, wobei außerdem die alpidische Diaphthorese im Sinne von F. Angel (3) zu berücksichtigen wäre. Jünger wären die kühltemperierten Blei-Zink-Vorkommen und wieder zu einer neuen Phase wäre die Kupfer-Arsen-Mineralisation zu stellen. Zu einer noch jüngeren Phase könnte man die fast monomineralischen Schwerspatvorkommen rechnen. Die jüngste Bildung stellen erzleere Quarz- und Dolomitadern dar. Demgegenüber weisen die Lagerstätten im Kristallin meist stärkere tektonische Beanspruchung und höher temperierte Bildungsbedingungen auf. Aber auch in den Eisenlagerstätten im Semmering-Mesozoikum ist tektonische Beanspruchung beobachtbar. So können in der Fröschnitz gewisse Metamorphoseerscheinungen festgestellt werden („Muschketoffit").

Der tektonische Beanspruchungsgrad ist in diesem Gebiet aber nur mit Vorsicht für eine altersmäßige Einstufung von Vererzungen zu verwenden. In diesem Zusammenhang sei darauf hingewiesen, daß die Barytvorkommen im Anis-Ladin-Dolomit granoblastische Kornformen zeigen, da das Karbonatnebengestein einen besseren Schutz gegen Beanspruchung darstellte. Dagegen lassen Schwerspatgänge aus dem Semmeringquarzit, z. B. vom Erzkogel, an den Barytkörnern starke postkristalline Beanspruchung mit Deformation erkennen: Die größeren Schwerspatkörner stecken in einem Mörtelkranz von kleinen, rekristallisierten Barytkörnern, löschen stark undulös aus und weisen Druckzwillingslamellierung auf (vgl. Abb. 6).

Zusammenfassend kann gesagt werden, daß am Alpenostrand, entgegen der bisherigen („unitarischen") Auffassung, eine einheitliche alpidische Vererzung mit zonarer Anordnung der Lagerstätten ausgeschlossen werden kann. Wenngleich derzeit noch nicht alle Lagerstätten dieses Gebietes altersmäßig einzustufen sind, so läßt sich doch neben den alpidischen Vorkommen das Vorhandensein von sicher präalpidischen Lagerstätten nachweisen. Diese selbst wurden auf Grund der verschiedenen Anlage, während mehrerer Phasen gebildet. Sie lassen außerdem erkennen, daß auch in präalpidischer Zeit die Regionalmetamorphose in diesem Gebiet lagerstättenbildend wirkte.

Die Betrachtungen über die „zonare Anordnung der Lagerstätten" ließen ersehen, daß sich benachbarte Vorkommen (Eisenspatvorkommen im nördlichen Teil des Gebietes) mit einem Mineralinhalt, der eine Zusammengehörigkeit vortäuscht, auf Grund ihrer Bildungsbedingungen deutlich voneinander unterscheiden.

Es wurde darauf verwiesen, daß sich aus diesen Untersuchungen für einige der Lagerstätten als Anhaltspunkte Bildungstemperaturen ergeben, die in diesem Gebiet eine alpidische Anlage praktisch ausschließen. Verwiesen sei hier zum „Zonarbau in der Anordnung der Lagerstätten" noch darauf, daß diese Bildungstemperaturen zumindest denen entsprechen, welche die bisherige („unitarische") Auffassung als höchsttemperiert annimmt und daher in das Zentrum ihrer zonaren Lagerstättenanordnung gestellt hat, nämlich die Goldlagerstätten der Hohen Tauern.

Abschließend darf hier auf die sich aus diesen Beobachtungen ergebenden Aspekte eingegangen werden. An den Lagerstätten vom Alpenostrand konnte gezeigt werden, daß die bisherige („unitarische") Ansicht der Vererzung, obwohl für die gesamten Ostalpen gemacht, hier nicht zutrifft und im Gegensatz zu Ergebnissen der neuen Untersuchungen von W. TUFAR (30—32, 34—37, 39—40,

42—46) steht. Die bisherige Auffassung verallgemeinerte nämlich zu sehr und setzte sich dadurch über charakteristische Unterschiede gleich erscheinender oder ähnlicher Paragenesen hinweg. Ein Grund dafür dürfte auch die Vielzahl der Lagerstätten in den Ostalpen sein, die eine Gesamtuntersuchung zunächst unmöglich machen. Gerade diese Unterschiede sind aber, wie am Alpenostrand gezeigt werden konnte, vorhanden, sprechen gegen diese Verallgemeinerung, geben manchen wichtigen Hinweis und lassen eine weitere Gliederung durchaus zu.

Es sei hier nicht weiter auf die von der bisherigen Auffassung vertretene Zusammengehörigkeit gewisser Eisen- und Kupferlagerstätten eingegangen. Bemerkt sei nur, daß einige der Kupferlagerstätten am Alpenostrand, die in diese Gruppe gehören würden, auf Grund ihrer Paragenesen einen Eisenunterschuß erkennen lassen und daher eine Verknüpfung mit benachbarten Eisenlagerstätten schwer verständlich wäre.

Der Alpenostrand ist geologisch nicht von den Ostalpen zu trennen und nimmt auch innerhalb dieser keine Sonderstellung ein. Schon aus statistischen Gründen müssen sich daher in den übrigen Ostalpen Beobachtungen wie hier machen lassen, und man darf daher eine neuerliche wissenschaftliche Untersuchung der ostalpinen Lagerstätten nach den hier umrissenen Gesichtspunkten fordern. Diese Aufgabe ist aber, bedingt durch die Vielzahl der Lagerstätten, schwer durchführbar.

Ihr Abschluß würde aber ein stabiles Fundament schaffen, von dem aus man die Metallogenese der Ostalpen, also die vielen Prozesse, sowohl in alpidischer als auch in präalpidischer Zeit, welche die große Anzahl der Lagerstätten in diesen schufen, überschauen könnte.

Wenngleich hier kein, die gesamte Vererzung in den Ostalpen umfassendes neues System gegeben wurde, konnte doch am Beispiel der Metallogenese am Alpenostrand gezeigt werden, daß sich das bisherige System, die „unitarische“ Auffassung, der jungen, d. h. alpidischen, einheitlichen Vererzung mit zonarer Anordnung der Lagerstätten in den Ostalpen, als nicht zutreffend erwies.

Literaturverzeichnis

(1) Angel, F. & F. Trojer: Der Ablauf der Spatmagnesit-Metasomatose. — Radex-Rdsch., H. 7/8, 315—334, 1953.

(2) — Zur Frage des Alters und der Genesis alpiner Spatmagnesite. — Radex-Rdsch., H. 2, 374—392, 1955.

(3) Angel, F.: Retrograde Metamorphose und Diaphthorese. — N. Jb. Miner. Abh., Bd. 102, H. 2, 123—176, Stuttgart, Januar 1965.

(4) ANGEL, F.: Über Mineralzonen, Tiefenzonen und Mineralfazies, Rückblicke und Ausblicke. — Fortschr. Miner., Bd. 44, H. 2, 288—336, Stuttgart, Juni 1967.

(5) CLAR, E. & O. FRIEDRICH: Über einige Zusammenhänge zwischen Vererzung und Metamorphose in den Ostalpen. — Zeitschrift f. prakt. Geologie, 41. Jg., H. 5, 73—79, 1933.

(6) CLAR, E.: Über die Herkunft der ostalpinen Vererzung. — Geol. Rdsch., Bd. 42, 107—127, Stuttgart, 1953.

(7) — Geologische Begleitbemerkungen zu O. M. Friedrichs Lagerstättenkarte der Ostalpen. — Radex-Rdsch., H. 7/8, 408—416, 1953.

(8) CORNELIUS, H. P.: Die Herkunft der Magmen nach Stille vom Standpunkt der Alpengeologie. — Sitzber. Öst. Ak. Wiss., m.-n. Kl., Abt. I, Bd. 158, H. 7/8, 543—570, Wien 1949.

(9) FRIEDRICH, O. M.: Zur Erzlagerstättenkarte der Ostalpen. — Radex-Rdsch., H. 7/8, 371—407, 1953.

(10) — Neue Betrachtungen zur ostalpinen Vererzung. — Der Karinthin, Folge 45/46, 210—228, 8. Mai 1962.

(11) FRITSCH, W.: Über retrograde Metamorphosen. — Joanneum, Mineral. Mitteilungsblatt, Angel-Festschrift, H. 1/2, 23—30, Graz 1967.

(12) GRANIGG, B.: Über die Erzführung der Ostalpen. — Mitt. Geol. Ges. Wien, Bd. 5, 345—367, Wien 1912.

(13) HILLER, J. E. und K. PROBSTHAIN: Thermische und röntgenographische Untersuchungen am Kupferkies. — Zeitschrift f. Kristall., Bd. 108, 108—129, 1956.

(14) LIETZ, J.: Sulfidische Klufterze im Deckgebirge des Salzstockes Reitbrook. — Mitt. Geol. Staatsinst. Hamburg, H. 20, 110—118, 1951.

(15) MEIXNER, H.: Mineralogisches zu Friedrichs Lagerstättenkarte der Ostalpen. — Radex-Rdsch., H. 7/8, 434—444, 1953.

(16) MOHR, H.: Versuch einer tektonischen Auflösung des Nordostsporns der Zentralalpen. — Denkschr. Öst. Ak. Wiss., m.-n. Kl., Abt. I, Bd. 88, 633—652, Wien 1912.

(17) MORIMOTO, N. und G. KULLERUD: Polymorphism in bornite. — Amer. Mineral., Bd. 46, H. 11/12, 1270—1282, November—Dezember 1961.

(18) PETRASCHECK, W.: Metallogenetische Zonen in den Ostalpen. — C. R. 14. Congrès Géol. Int. Madrid, 1—13, Madrid 1926.

(19) — Die Magnesite und Siderite der Alpen. Vergleichende Lagerstättenstudien. — Sitzber. Öst. Ak. Wiss., M.-n. Kl., Abt. I, Bd. 141, H. 3/4, 195—242, Wien 1932.

(20) — Die alpine Metallogenese. — Jb. Geol. Bundesanst. Wien, Jg. 1945, Bd. 90, 129—149, Wien 1947.

(21) PETRASCHECK, W. E.: Großtektonik und Erzverteilung im mediterranen Kettensystem. — Sitzber. Öst. Ak. Wiss., m.-n. Kl., Abt. I, Bd. 164, H. 3, 109—130, Wien 1955.

(22) — Die alpin-mediterrane Metallogenese. — Geol. Rdsch., Bd. 53, 376 bis 389, Stuttgart 1963.

(23) SCHNEIDERHÖHN, H.: Genetische Lagerstättengliederung auf geotektonischer Grundlage. — N. Jb. Miner. Mh., H. 2/3, 47—89, Stuttgart Februar—März 1952.

(24) — Fortschritte in der Erkenntnis sekundär-hydrothermaler und regenerierter Lagerstätten. — N. Jb. Miner. Mh., H. 9/10, 223—237, Stuttgart, September—Oktober 1953.

(25) SCHROLL, E.: Ein Beitrag zur geochemischen Analyse ostalpiner Blei-Zink-Erze, Teil I. — Mitt. Öst. Min. Ges., Sonderheft 3, Wien 1954.

(26) SCHWINNER, R.: Die Verbreitung des Elementes Arsen in ihrer Beziehung zum Gebirgsbau der Ostalpen. — Tschermaks Mineral. Petr. Mitt., Bd. 46, 56—72, 1935.

(27) — Tektonik und Erzlagerstätten in den Ostalpen. — Zeitschrift Deutsch. Geol. Ges., Bd. 94, 169—174, 180—182, 1942.

(28) — Ostalpine Vererzung und Metamorphose als Einheit? — Verh. Geol. Bundesanst. Wien 1946, 52—61, Wien 1949.

(29) TOLLMANN, A.: Der Deckenbau der Ostalpen auf Grund der Neuuntersuchung des zentralalpinen Mesozoikums. — Mitt. Ges. Geol. Bergbau Stud. Wien, Bd. 10, 1—62, Wien 1959.

(30) TUFAR, W.: Die Erzlagerstätten des Wechselgebietes. — Joanneum, Mineral. Mitteilungsblatt, H. 1, 1—60, Graz 1963.

(31) — Die Eisenerzlagerstätten des Semmering- und Wechselgebietes. — Fortschr. Mineral., Bd. 41, Jg. 1963, H. 2, 179, Stuttgart 1964.

(32) — Die Erze des „Saussuritgabbros“ von Birkfeld (Steiermark). — Joanneum, Mineral. Mitteilungsblatt, H. 1, 13—21, Graz 1965.

(33) — Differentialthermoanalytische Untersuchungen an Karbonaten des Wechselgebietes. — Joanneum, Mineral. Mitteilungsblatt, H. 1, 23—39, Graz 1965.

(34) — Geochemische Untersuchungen an österreichischen Baryten. — Tschermaks min. u. petr. Mitt., Bd. 9, H. 3, 242—251, Wien 1965.

(35) — Die alpidische Metamorphose an Erzlagerstätten am Ostrand der Alpen. — Verh. Geol. Bundesanst. Wien, Sonderheft G, 256—264, Wien 1965. — Zeitschrift deutsch. geol. Ges., Jg. 1964, Bd. 116, 2. Teil, 512—520, Hannover, Oktober 1965.

(36) — Neue Wismutmineralfunde und ein neuer Goldfund aus der Steiermark. — Joanneum, Mineral. Mitteilungsblatt, H. 2, 67—72, Graz 1965.

(37) — Das Kupfervorkommen von Eichbüchl bei Wiener Neustadt (Niederösterreich). — N. Jb. Miner. Abh., Bd. 105, H. 2, 203—210, Stuttgart, August 1966.

(38) — Bemerkenswerte Myrmekite aus Erzvorkommen vom Alpen-Ostrand. — N. Jb. Miner. Mh., H. 8, 246—252, Stuttgart, August 1966.

(39) — Die Vererzung vom Sieggrabener Kogel (Burgenland). — Verh. Geol. Bundesanst. Wien 1966, H. 1/2, 55—69, Wien 1966.

(40) — Eine interessante Verdrängung von Siderit durch Sulfide im Buchwald ober Waldbach (Oststeiermark). — Joanneum, Mineral. Mitteilungsblatt, Angel-Festschrift, H. 1/2, 104—112, Graz 1967.

(41) TUFAR, W.: Andersonit, ein neuer Uranmineralfund aus Österreich. — N. Jb. Miner. Abh., Bd. 106, H. 2, 191—199, Stuttgart, April 1967.
(42) — Der Bornit von Trattenbach (Niederösterreich). — N. Jb. Miner. Abh., Bd. 106, H. 3, 334—351, Stuttgart, Mai 1967.
(43) — Der Alpen-Ostrand und seine Erzparagenesen. — Freiberger Forschungshefte, C 230 Mineralogie — Lagerstättenlehre: Probleme der Paragenese von Mineralen, Elementen und Isotopen, Teil I, Breithaupt-Kolloquium 1966 in Freiberg, 275 — 294, Leipzig 1968.
(44) — Fuchsit vom Puchegg bei Vorau (Oststeiermark). — Tschermaks min. u. petr. Mitt., Bd. 12, H. 2/3, 182—203, Wien 1968.
(45) — Die Kupferlagerstätte von Trattenbach (Niederösterreich). — Tschermaks min. u. petr. Mitt., Bd. 12, H. 2/3, 140—181, Wien 1968.
(46) — Die Eisenerzlagerstätte vom Buchwald ober Waldbach (Oststeiermark). — Tschermaks min. u. petr. Mitt., Bd. 12, H. 4, 350—391, Wien 1968.
(47) WIESENEDER, H.: Die Korund-Spinellfelsen der Oststeiermark als Restite einer Anatexis. — Joanneum, Mineral. Mitteilungsblatt, H. 1, 1—30, Graz 1961.
(48) — Die alpine Gesteinsmetamorphose am Alpenostrand. — Geol. Rdsch., Bd. 52, 238—246, Stuttgart 1962.
(49) YUND, R. A. und G. KULLERUD: The System Cu-Fe-S. — Carnegie Inst. Washington, Year Book 60, 180—181, 1961.

Abb. 1 a

Abb. 1 b

Abb. 1: **Buchwald** ober Waldbach. Granat verdrängt nach $\{10\bar{1}1\}$ Siderit. Stellenweise zeigt Granat Umbildung in Chlorit. Dünnschliff, Vergr.: 80×, **Abb. 1 a**: 1 Polarisator, **Abb. 1 b**: + Polarisatoren.

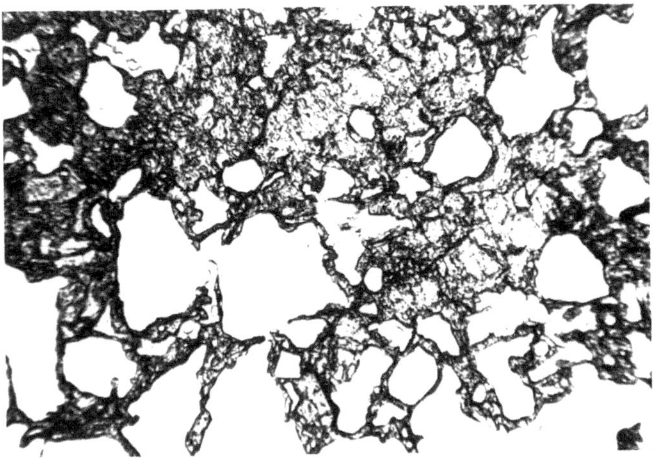

Abb. 2 a

Abb. 2 b

Abb. 2: **Buchwald** ober Waldbach. **Granat** verdrängt von den **Korngrenzen** ausgehend, intergranular, Quarz und Siderit und bildet das Bindemittel („**Matrixgranat**") um diese. **Teilweise** läßt der Granat **selbst bereits** Verdrängung durch Chlorit beobachten. Dünnschliff, Vergr.: 80 ×, Abb. 2 a: 1 Polarisator, Abb. 2 b: + Polarisatoren.

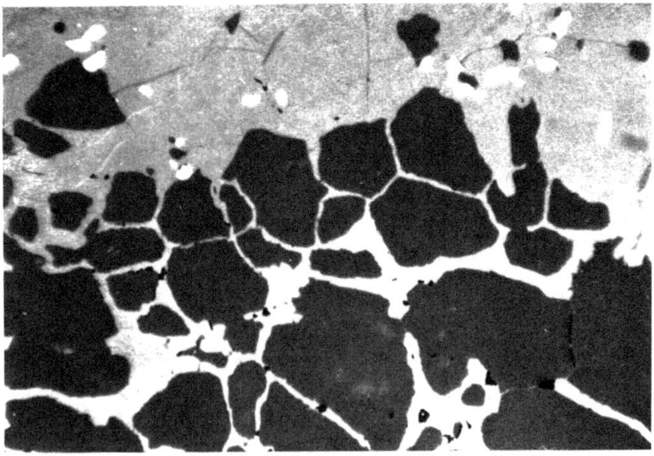

Abb. 3a

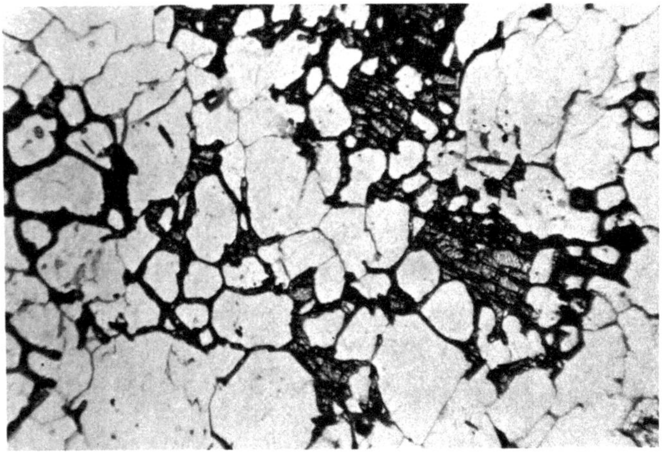

Abb. 3b

Abb. 3: Buchwald ober Waldbach. Abb. 3a: Quarz (dunkelgrau, teilweise durch Innenreflexe aufgehellt) wird entlang Korngrenzen, intergranular, von Granat (lichtgrau; „Matrixgranat") verdrängt, der das Bindemittel um Quarz bildet. Im Granat findet sich etwas Ilmenit (weiß) als Einschluß. Abb. 3b zeigt eine der Abb. 3a ähnliche Verwachsung von Granat („Matrixgranat") und Quarz im Dünnschliff. Abb. 3a: Anschliff, Vergr.: 130 ×, Abb. 3b: Dünnschliff, Vergr.: 35 ×, 1 Polarisator.

Abb. 4: Buchwald ober Waldbach. Granat (lichtgrau) zeigt gedrehte Einschlußzüge („si“, waagrecht) von Quarz (dunkelgrau) und Ilmenit (weiß). Besonders in Abb. 4 b (rechter Bildrand) ist die intergranulare Verdrängung von Quarz durch Granat deutlich zu erkennen sowie der Übergang vom Interngefüge vom „Quarz-in-Granat-Korn“ zum „Granat in Quarz“-Gefüge. Granat läßt „(ac) — Risse“ (senkrecht) beobachten, die teilweise (Abb. 4 a) Chlorit (mittelgrau) als Neubildung enthalten. In Abb. 4 b (linker Bildrand) finden sich Biotitscheiter (Spur heller als Quarz) im Quarz. Anschliffe, Abb. 4 a und b: Vergr.: 40 ×.

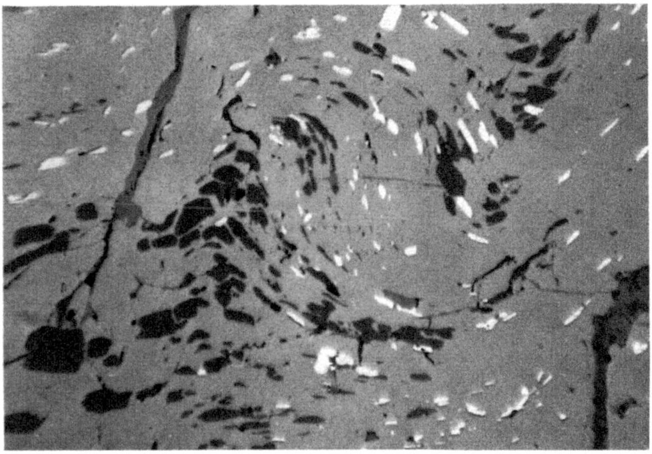

Abb. 4 a

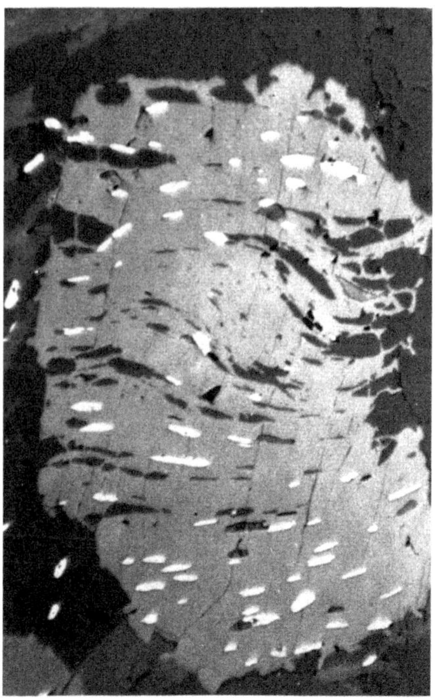

Abb. 4 b

Abb. 5: Buchwald ober Waldbach. Kupferkies läßt oleanderblatt- bis lanzettförmige Umwandlungslamellen der Hochtemperaturform und teilweise polysynthetische Verzwilligung erkennen. Entlang Rissen wird Kupferkies von blaubleibendem Covellin (weiß durch Anisotropieeffekt) verdrängt. Kleinste Gangarteinschlüsse erscheinen durch Innenreflexe aufgehellt. Anschliff, Vergr.: 85×, + Polarisatoren.

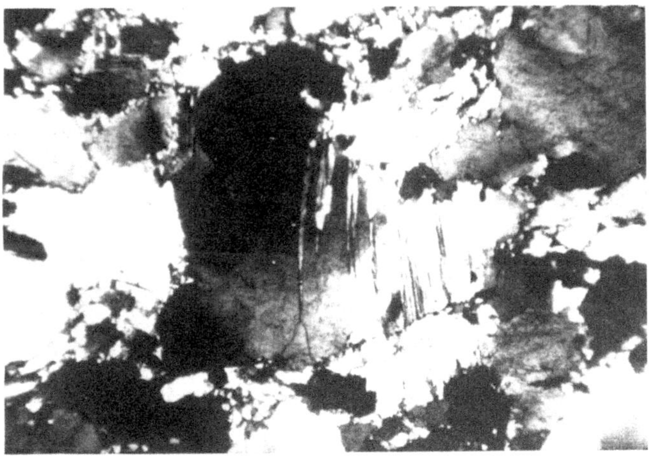

Abb. 6: Erzkogel SSW Sonnwendstein. Größere Barytkörner zeigen starke postkristalline Deformation (undulöses Auslöschen; Druckzwillingslamellen, die teilweise selbst noch verbogen sind) und stecken in einem Mörtelkranz von kleinen, rekristallisierten Schwerspatkörnern. Dünnschliff, Vergr.: 35×, + Polarisatoren.

Die in den Sitzungsberichten Abtlg. I und Abtlg. II der math.-nat. Klasse der Österr. Ak. d. Wiss. erscheinenden Abhandlungen werden auch einzeln abgegeben. Sie können durch jede Buchhandlung oder direkt durch die Auslieferungsstelle der Österreichischen Akademie der Wissenschaften (1010 Wien, Mölkerbastei 5) bezogen werden.

Nachfolgende Abhandlungen aus dem Fache **Botanik** (Biologie) sind erschienen:

1960 (S I Bd. 169):

Bolay Erika, Die Vitalfärbung voller Zellsäfte und ihre cytochemische Interpretation (mit einer Textabbildung und 5 Tafeln). S 49.—

Ehrendorfer F., Neufassung der Sektion Lepto-Galium Lange und Beschreibung neuer Arten und Kombinationen (zur Phylogenie der Gattung Galium, VII). S 12.—

Franz Gertrude, Die Mikroflora einiger Standorte im Leithagebirge in ihrer Abhängigkeit von Boden und Vegetationsdecke (mit 22 Textabbildungen). S 88.—

Pruzsinszky S., Über Trocken- und Feuchtluftresistenz des Pollens (mit 12 Abbildungen auf 6 Tafeln). S 63.40

1961 (S I Bd. 170):

Fetzmann Elsalore, Vegetationsstudien im Tanner Moor (Mühlviertel, Oberösterreich) (mit 2 Textabbildungen und 2 Tafeln). S 170—3, S 23.—

Pruzsinszky Siegfried und Url Walter, Ein Beitrag zur Desmidiaceenflora des Lungaues. S 170—1. S 9.—

Rechinger K. H., Dufler H. und Patzak A., Širjaevii fragmenta astragalogica XIII. bis XVII. Teil. S 170—2. S 56.—

1962 (S I Bd. 171):

Niklfeld Harald, Über die Pflanzengesellschaften der Fels- und Mauerspalten Südfrankreichs (mit 1 Textabbildung und 1 Falttabelle). 171—23. S 52.—

Url Walter, Permeabilitätsversuche an Stengelepidermiszellen von Gentiana germanica und Gentiana ciliata (mit 3 Textabbildungen). 171—16. S 40.—

1963 (S I Bd. 172):

Hübl Erich, Über das stomatäre Verhalten von Pflanzen verschiedener Standorte im Alpengebiet und auf Sumpfwiesen der Ebene. Smn 172—2. S 104.—

Kovarik Uta, Zur Permeabilität und Salzresistenz einiger Diatomeen des Salzlachengebietes am Neusiedler See (mit 3 Abbildungen). Smn 172—4. S 52.—

1964 (S I Bd. 173):

Krinzinger Jakob, Zellphysiologische Untersuchungen am Kallusgewebe einiger Laubhölzer (mit 16 Textabbildungen und 4 Tafeln). Smn 173—9. S 94.—

Kuttelwascher Heide, Entwicklungsanatomische und Vitalfärbe-Studien an Luftwurzeln einiger tropischer Orchideen (mit 6 Textabbildungen und 6 Tafeln). Smn 173—34. S 65.—

1965 (S I Bd. 174):

Kusel-Fetzmann Elsalore und Url Walter, Das Schwingrasenmoor am Goggausee und seine Algengesellschaften (mit 2 Textabbildungen und 5 Tafeln). Smn 174—26. S 100.—

GPSR Compliance

The European Union's (EU) General Product Safety Regulation (GPSR) is a set of rules that requires consumer products to be safe and our obligations to ensure this.

If you have any concerns about our products, you can contact us on ProductSafety@springernature.com

In case Publisher is established outside the EU, the EU authorized representative is:

Springer Nature Customer Service Center GmbH
Europaplatz 3
69115 Heidelberg, Germany

Batch number: 10577919

Printed by Printforce, the Netherlands